DEMANDEZ

LA FÉROCITÉ HUMAINE

ou

LES VAMPIRES A PARIS

PAR

ARMAND RAINOT

AUTEUR ET PHYSICIEN

PARIS

EN VENTE CHEZ L'AUTEUR

32 — rue de Wattignies — 32

—

188-

LA FÉROCITÉ HUMAINE

ou

LES VAMPIRES A PARIS

PREMIÈRE PARTIE

Mesdames et Messieurs, ce n'est pas un roman que je vais vous offrir; mais une histoire vraie et bien triste, et qui, je crois, peut vous intéresser. Il ne s'agit pas ici de mensonge mais de la vérité; c'est une pauvre femme qui autrefois riche et aujourd'hui ruinée après avoir passé des années à partager son pain et sacrifié son argent à faire du bien aux malheureux et à protéger les animaux. Il s'agit de la dame Mangin, elle était d'une grandeur ordinaire, ses cheveux noirs en bandeaux reposaient sur son front, ses yeux bleus inspiraient la bonté; elle avait l'habitude de porter un chapeau sur lequel reposait un oiseau; la bouche petite et les lèvres roses semblaient dire aux malheureux de s'approcher et qu'elle leur donnerait à manger. Cette dame restait dans un terrain vague et isolé où l'herbe lui servait de tapis et les oiseaux venaient gazouiller comme pour la remercier des petites graines qui le matin, aux pierrots, servaient de déjeûner, et je puis certifier que cela ne dérangeait personne. Mais M. d'Ordure, farouche et barbare, se plaignait que les chiens aboyaient et quand il était en train de déjeuner le ramage des petits oiseaux le dérangeait et l'incommodait ; alors ce **M. d'Ordure ne se** rappelant pas ce qu'il avait été autrefois, **se mit à faire des** misères à Mme Mangin, et à adresser des petitions sur pétitions à M. le Préfet, sous prétexte que les chiens le gênaient, qu'il fallait abattre les petits animaux et chasser madame Mangin de son terrain. Mais M. Gragnon, préfet de police, qui est juste, ne répondit pas aux sérénades de M. d'Ordure. C'est alors que cet homme injuste se mit en colère et continua à faire des misères à madame Mangin qui ne savait à qui se recommander, mais qui se décida d'envoyer une lettre à M. le Procureur de la République.

A Monsieur le Procureur de la République.

Monsieur le Procureur de la République, est-ce parce que je n'ai pas d'argent qu'il faut que je me défasse de mes petits chiens que je soigne gratuitement ; moi, qui pendant dix années, dans un terrain vague, les ai recueillis gratuitement. J'étais riche autrefois, maintenant je n'ai plus qu'une pauvre voiture qui me sert de logement. Autour de moi mes petits chiens pour consolation, qui me servent d'agrément. En supposant que dans mon vaste terrain il y ait une grande maison, et qu'elle soit habitée par vingt-cinq locataires ayant chacun un chien, ne feraient-ils pas le même train ? Mais on n'y ferait pas attention parce qu'on ne frappe pas aux portes sans que la police y prête attention. Il n'en est pas de même pour moi, on peut frapper aux palissades, le commissaire rit ; quand je vais porter plainte, on m'injurie et l'on me rejette au loin moi et mes pauvres petits chiens. Ah ! c'est bien dur pour moi, qui suis délaissée de la justice, qui rit de ma misère plutôt que de se rapprocher et de venir me seconder. Il faudrait me plaindre et savoir qui, en face de ma pauvre retraite, à toute heure de la nuit, fait du train et réveille les voisins. Ils sont riches il faut les supporter. Plus loin, c'est une écurie qui est garnie de chevaux, qui, fatigués de la journée, pauvres bêtes, frappent du pied et réveillent ceux qui sont à moitié endormis. Le maître charretier a raison; c'est compréhensible, il a de l'argent pour plaider et il a raison. A côté, c'est un charbonnier qui passe son charbon et envoie de la poussière sur mon linge qui vient d'être lavé et le noircit; c'est sa profession, il faut le supporter. Combien de fois en me réveillant, je trouve un chien, dont le maître après l'avoir élevé et s'en être servi pour amuser son enfant ou satisfaire sa brutale passion, est venu le jeter dans mon terrain; le chien est couvert d'ecchimoses, il est malade et tremblant, il vient se reposer et se réfugier. Il fallait donc le repousser loin de moi. Non, je le prends, le réchauffe et le soigne et le met au milieu de ses petits camarades qui l'accueillent par pitié et partagent leur médiocre nourriture, pour chercher à le remettre en bon état. Bien souvent ne m'arrive-t-il pas de ramasser des chiens malades et repousser des gamins qui, à coups de pierres, cherchent à le faire crever. Ah! ceux-là ont-ils raison? Ça crie vengence devant la providence; ne faut-il pas qu'il y ait des êtres humains pour les empêcher de les frapper.

Un jour passant devant les fortifications, à Levallois-Perret, je vis un maître qui frappait son chien, parce que la bête était souffrante et malade et couverte de blessures et de coups que le maître lui envoyait; voyant qu'il ne finissait pas de mourir il le traîna avec une corde passée autour du cou. — Arrêtez! lui criai-je, pourquoi frapper cette pauvre bête. — Ne voyez-vous pas que ce chien est malade, me répond cet homme barbare, et qu'il a un engorgement au sein droit. — C'est compréhensible, lui dis-je, elle vient d'avoir des petits. — Alors cet homme se mit à m'injurier. — Donnez cette bête, lui répondis-je, et je l'arrache des mains de son bourreau;

alors après avoir retiré la corde qui était passée autour de son cou, pauvre bête, pauvre petite bête, je la pri dans mes bras, la réchauffe de mon mieux ; l'idée me vient de la porter chez le pharmacien qui gratuitement, lui fournit les premiers médicaments et soins, vu que je n'avais pas d'argent. — Votre nom, Monsieur, lui dis-je, pour pouvoir un jour aller vous remercier. — Je m'appelle Monsieur Peigné, membre de la Société protectrice des animaux et je vous recommande de ne pas abandonner notre petite malade ; ce n'est pas tout, me dit-il, il faut la baptiser. — Eh bien, oui, comment l'appellerons-nous ? — Boîte-au-lait, puisqu'elle a un engorgement au sein et que c'était le motif pour lequel son maître voulait l'assassiner. Puis M. Peigné me demanda comment le fait s'était passé. — Alors je lui racontai la triste scène que j'avais eue devant mes yeux, en songeant qu'il se passait sur les êtres humains les mêmes cruautés que sur les pauvres chiens, moi qui sortais d'être vendue, et que l'on ne m'avait laissé que quelques jours pour chercher un refuge et enclore mes soixante petits chiens.

C'était ma récompense d'avoir mangé ma fortune à soigner gratuitement dans Levallois-Perret tous les chiens malades et errants. Prenez courage, me répond ce brave pharmacien, Dieu ne vous abandonnera pas : Tenez, me dit-il, voici une adresse et allez trouver notre Société : elle a le cœur grand et généreux et elle vous encouragera ; vous y trouverez asile et protection. « De là, je partis et pris ma petite chienne dans mes bras ; arrivée chez nous, je la mis dans une petite boîte, et je lui fis un lit garni de foin que j'avais ramassé en route, vu que je n'avais pas les moyens. Tous ses petits camarades s'étaient mis auprès de la nouvelle arrivée et la regardaient par pitié ; alors, il me vint une idée, c'était de prendre tous mes petits chiens et de me mettre dans un terrain vague et isolé, et d'y déposer ma petite voiture et d'y rassembler tous mes petits chiens parqués autour de ma petite voiture, dépourvus de tous moyens nécessiteux. Je résolus de me mettre à chanter pour subvenir à leur nourriture. Ah ! c'était bien dur pour moi ! Moi, qui autrefois partageais mon pain avec les êtres humains. Après avoir gagné de quoi me rhabiller, quelques jours s'étaient écoulés ; alors j'ai été trouver la Société protectrice des animaux, et j'ai trouvé un appui pour me venir en aide et pour m'encourager.

Je croyais être tranquille dans cette triste plaine où je ne gênais personne ; les voisins venaient m'injurier et il a fallu de nouveau déménager ; alors il me vint une idée, c'était de faire travailler ma petite chienne ; elle me paraissait intelligente à vouloir me seconder ; ma petite Boîte-au-Lait semblait comprendre qu'il fallait à son tour venir à l'aide de ses petits camarades qui l'avaient autrefois protégée, et semblait comprendre qu'autrefois je lui avais sauvé la vie et que je l'avais guérie de son sein. Alors nous partîmes toutes les deux pour travailler. Notre médiocre recette ne suffisait pour nous permettre de déménager. L'heure était proche et les jours s'étaient écoulés, il fallait s'en aller. Alors j'ai été trouver un monsieur que le brave pharmacien m'avait indiqué, avec une lettre de recommandation qu'il m'avait donnée ; il suppliait dans sa lettre de ne pas m'abandonner, vu qu'il avait vu de ses yeux que l'on me faisait des misères, Je me rendis chez ce monsieur où je fus accueillie : « Ah ! me dit-il, c'est un Sociétaire qui vous envoie vers moi pour vous sortir de la misère, soyez la bienvenue et venez dans mon terrain vous et vos soixante petits chiens, et prenez courage, la société ne vous abandonnera pas. » Alors, le cœur content je partis avec ma petite chienne et je me mis en tâche de sauver mes 60 petits chiens ; grâce à Dieu, ils étaient bien portants ; il ne s'agissait plus que de trouver un cheval. Comment faire ? pas un sou vaillant pour sortir de ma triste position.

Alors je retourne chez mon nouveau protecteur et lui conte mon affaire, que tout était prêt à partir et que j'étais sans un sou. — Tenez, me dit-il, voilà, et il me glissa deux pièces de 5 francs, partez et allez sauver vos petits animaux. Arrivée chez moi, je me mis en tâche de faire atteler, et toute la petite troupe suivait derrière la voiture où j'étais rentrée pour me reposer. Il se faisait 11 heures du soir, nous étions gagnés par la faim; il fallait pourtant arriver à notre nouveau domicile; il se faisait minuit quand nous fûmes arrivés; alors on détela et on se mit en devoir de placer la voiture dans le nouveau terrain; toute la petite bande se déplia et se plaça autour de la voiture comme pour me demander de la nourriture. Je n'avais rien à leur donner; les larmes me vinrent aux yeux, mais je pris courage, car il me semblait qu'ils devaient comprendre qu'autrefois je les avais sortis de la misère et que je les protégerais encore; alors, quand le jour fut venu, je me mis en devoir d'aller leur chercher leur nourriture, après avoir pu leur donner leur premier nécessaire. Je me mis en devoir d'aller travailler après avoir voyagé d'établissement en établissement dans le courant de la journée. La recette était bien minime, mais je pensais qu'il fallait aller remercier celui qui m'avait donné asile et protection et recueilli mes compagnons d'infortune; alors je me dirigeai vers mon nouveau protecteur et le remerciai de ne pas nous avoir abandonné, puis je le quittai pour aller partager ma petite recette de la journée avec mes petits abandonnés. Ah! j'étais heureuse de pouvoir partager ma pauvre bouchée de pain avec ceux qui ne m'avaient pas abandonnée. Il n'en était pas de même avec mes amis qui autrefois venaient partager mon pain et boire mon vin, et qui, après avoir profité de mon aisance, m'ont entièrement délaissée et abandonnée.

DEUXIÈME PARTIE

Trois mois s'étaient écoulés et le printemps était revenu alors. Je me mis en tâche d'entourer ma petite voiture foraine, vu que par mon travail et mes économies, j'étais parvenue à mettre quelques sous de côté pour acheter un peu de graines et pour parquer mes petits chiens et leur faire à chacun une petite niche et mettre le nom de chaque petit chien dessus; tous était bien portants et semblaient remercier la nature de les avoir secondés pendant la durée de l'hiver, et moi, de mon côté, pour me distraire, j'avais semé quelques graines pour me former ombrage et me mettre à l'abri du soleil; alors mes petits animaux, allaient tous s'y réfugier; l'herbe verdissait, les fleurs s'ouvrait et semblaient me dire de prendre courage, tout en me promenant dans ce vaste terrain. Je trouvai de nouveau un petit chien que mes voisins, ne voulaient pas payer de contribution pour leur petit chien qui, autrefois, leur servait de distraction; quand il s'agissait de payer il n'en était plus rien. Alors ils commandèrent à un de leur enfant de venir le jeter par dessus le mur. Cette pauvre petite bête, à qui autrefois sa maîtresse comptait ses misères. Le jour suivant, c'était un enfant qui, grimpé à ma porte, impatient de grimper, venait me demander hospitalité pour un chien qu'il venait de trouver.—Tenez, madame, voulez-vous cette bête, il faut la nettoyer, elle est pleine d'ecchymose, et on me l'a donnée pour la faire tuer.—Donnez, mon petit ami, cette pauvre petite bête. Je la pris dans mes bras, et l'enfant partit alors dans ma petite pelouse où j'allai le déposer. Pauvre petite bête, lui dis-je, faut-il qu'il y ait des maîtres aussi ingrats pour t'avoir délaissée. Un fait drôle et intéressant.

C'était le 14 juillet 1886, que la triste aventure m'arriva. Le ciel était bleu et le soleil paraissait me dire : aujourd'hui il faut sortir tes confrères de la misère. Il se faisait quatre heures et j'entendis frapper ; je quittai mon ouvrage et j'allai pour ouvrir ; c'était un pauvre enfant qui, couvert de larmes, semblait se réfugier ; alors, lui dis-je, retirez votre mouchoir de vos yeux et parlez ; il ne s'agit pas de chien à refugier, me dit-il, ma mère est chassée et le propriétaire a mis ses meubles sur le carré et tout notre mobilier va être égaré. C'est bien, dis-je à cette enfant qui me semblait être dans la désolation, allez dire à votre mère de prendre une voiture et de la faire charger. Puis il ferma la porte et se retira. De mon côté, je pris ma petite brouette et allai travailler ; fallait bien apprêter la petite écurie pour servir de refuge. Mais du nouveau arrive. il se faisait six heures du soir, quand j'entendis frapper, c'était ni plus ni moins deux nouveaux arrivants ; il avait l'air tout consterné de voir dans une écurie des meubles aussi jolis. Aller se reposer quand la voiture fut déchargée. La dame s'approcha de moi et me dit : Il me reste à vous remercier d'avance, Madame, de l'asile provisoire que vous venez de me donner ; pourriez-vous recevoir trois de mes petits animaux qui me sont bien chers, que j'ai élevés. — Quels sont ces animaux ? Madame, je vais vous écouter. — Une chienne et deux de ses petits, me dit-elle. — Alors, lui dis-je, envoyez moi ces trois abandonnés et comme je fais de vous, je les recevrai. Alors elle partit et je les attendis. Il se faisait neuf heures, j'étais dans ma voiture, à la fenêtre entre-bâillée, pour les voir arriver.

La nuit s'approchait, je devenais inquiète ; quelques minutes s'était écoulées que j'entendis frapper ; ça m'avait consolée. M'approchant doucement de la voiture en question qui par la grande porte venait de rentrer, alors elle me fit

voir les trois nouveaux petits chiens. Les prenant précieu-
sement dans mon tablier je les porte vivement dans une
petite niche pour les faire manger ; pendant que je m'oc-
cupais des pauvres animaux, la dame sur mon épaule venait
de me frapper : « Je suis prête me dit-elle, et je vais m'en
aller. — Ah, lui dis-je, vous aller me quitter, n'avez-vous
pas peur que vos meubles soient abimés. — Le temps est
favorable, il ne seront pas mouillés. — Pourquoi ne pas
rester avec moi ? dis-je à cette dame que je ne connaissais
pas. — Votre nid ne me plairait pas, me dit-elle, je
préfère coucher en hôtel. — Alors vous n'êtes pas
habituée au dur entourage de tous ces chiens. — Vous
trouvez mon terrain utile pour vous servir de refuge
et garder vos meubles qui ne sont pas couverts, car, sans
mes chiens on pourrait tout vous emporter, alors vous
seriez comme moi, entièrement ruinée. Puis, l'enfant de cette
dame trancha la conversation : « Mère, lui dis-je, nous
allons aller dîner ; puis il dit à sa mère : Mais il faut que
j'aille embrasser Follette, n'est-ce pas, madame ? Puis il me
serra la main en me disant : je reviendrai demain chercher
mon petit chien : alors il s'approcha de la petite niche où
j'avais déposé ses trois petits chiens nouvellement arrivés
qui regardaient leur maître comme par pitié et semblaient
leur dire : vous allez m'abandonner : alors la dame embrassa
ses trois petits chiens qui autrefois pour se distraire les
avait élevés.

Cette dame se retira et me dit : « Vous en aurez bien
soin, je reviendrai demain ». Puis elle me serra la main
et se retira. Je la regardai partir, mais l'enfant me fit une
dernière réflexion : « Vous veillerez bien sur les meubles
de maman pour que l'on ne prenne rien. » Puis il me serra
la main et se retira. Je refermai ma porte et me dirigeai
vers mes petits chiens qui devaient commencer à avoir
faim, et alors je leur fis une petite distribution de viande.
L'heure était arrivée, il s'agissait d'aller vendre quelques

chansons pour vivre, vu que je n'avais pas un sou vaillant. La providence ne m'abandonnera pas, me dis-je, si je fais du bien à des ingrats, plus tard on le saura. La soirée s'était écoulée et je n'avais pas étrenné ou, du moins, la petite recette était trop minime pour pouvoir dîner, car il ne s'agissait pas que de moi, il fallait penser à tous mes petits réfugiés, alors je pris un morceau de pain que j'avais dans un coin, le mangeai et me couchai. Quand le jour fut venu, j'allai conter l'histoire de mes nouveaux pensionnaires à un monsieur qui faisait partie de ma Société ; voici le nom de ce monsieur, Haller, boucher, rue de Wattignies, n° 13, membre de la Société protectrice des animaux ; alors je lui racontai la petite scène qui s'était passée la veille, que je n'avais rien vendu, et qu'il m'était impossible de donner à manger à mes animaux. « Bien, me répondit ce brave monsieur, allez, je vais vous donner de la viande et vous allez aller leur partager. — Combien vous dois-je? demandai-je à ce monsieur. — Rien, me dit-il, venez tous les matins, gratuitement, cela me donna un peu d'encouragement» . Alors je dis à ce monsieur : « Allez, avec ce que je donne tous les jours à mes chiens, ça leur suffira. » Puis je suis partie vers mes petits pensionnaires ; à mon arrivée, il fallait les voir sauter autour de moi comme pour me remercier d'avoir été leur chercher leur petit déjeuner; alors je me mis en devoir de leur faire leurs petites portions de viande; puis j'attendis avec patience le retour de ceux qui m'avaient demandé asile; je fis comme sœur Anne, je ne vis rien venir. Enfin, deux mois s'écoulèrent, et j'étais toujours gardienne de leur petit matériel. Mais apparurent mes nouveaux attendus avec un déménageur et me dirent: « C'est brave à vous, nous venons aujourd'hui pour vous débarrasser.» Et ouvrant la porte du terrain, le fils entra une petite voiture à bras, puis il se mit en devoir de charger et de débarrasser la petite écurie ; tout était chargé, il ne s'agissait plus que de démarrer et de sortir. « Combien

vous dois-je ? me dit cette dame. — Rien, lui répondis-je.»
Alors elle dit : « Nous vous laissons les chiens parce que
notre concierge n'en veut pas; mais je vais m'arranger de
manière à pouvoir les placer, et dans trois jours je vien-
drai les chercher. » Puis elle me serra la main et partit
avec la voiture; et elle n'est jamais revenue les chercher ;
il y a longtemps de cela : ils sont toujours à sa disposition,
intelligents et bien portants ; voilà mes remerciements.

Je reçus une lettre dans laquelle le commissaire me
sommait de partir, qu'il me donnait huit jours, vu qu'il ne
voulait plus de moi pour son administrée, vu que mes
chiens portaient ombrage à M. d'Ordure et aux autres
signataires. Comment pouvaient-ils se plaindre, moi qui
ai fait du bien au monde et qui partage mon manger avec
mes petits chiens? Je suis donc abandonnée de la Providence ; non, je ne m'en irai pas, répondis-je à l'agent qui
m'avait apporté la lettre ; d'abord je ne fais de mal à personne, et si mes chiens gênent, qu'il me paye le déplace-
ment et je m'en irai avec tous mes petits réfugiés. —
Alors l'agent me répond : Vous ne savez pas que vos chiens
donnent des puces. — Cela ne se peut pas, répondis-je,
puisque ce sont les voisins qui leur donnent des puces et
je suis obligée de leur chercher; quand les voisins secouent
leurs tapis dans mon terrain, les puces tombent sur ces
pauvres bêtes et viennent les dévorer. — Alors l'agent
dit : Vos chiens crient. — Alors, répondis-je, empêchez
de frapper aux palissades et vous verrez si vous les
entendrez. — L'agent : Mais ils peuvent devenir enragés.
— C'est impossible, lui dis-je, quand les chiens ont à boire
et à manger; le chien devient enragé quand il est errant
ou battu par son maître, ou quand un abruti fait battre
deux chiens ensemble ; moi qui vous parle, depuis 1872
que j'ai des chiens de toutes les manières et de toutes les
espèces, grands et petits, je n'ai eu ce cas dans n a
ménagerie, je n'ai même jamais été mordue. Alors l'agent

se retira et moi je rentrai chez moi; puis je me mis à penser à sauver ceux que j'avais eu tant de mal à protéger ; il fallait penser à partir de nouveau. Non, me dis-je, je ne partirai pas; j'ai encore un soutien qui viendra en aide à mes petits refugiés.

C'est la Société de la ligue publique, n° 27, boulevard Saint-Martin, qui, par son grand dévouement, m'a autrefois protégée gratuitement. Cette Société est grande et généreuse, et n'abandonne pas ceux qui sont frappés par la loi impunément, elle reconnaît les abus et prête son bras énergique à ceux qui en ont besoin; après m'ètre adressée :
— Une personne seule, me dit-elle, peut vous seconder, c'est un nommé M. Viardot, avocat à la Cour d'appel, secrétaire général de notre Société, rue de Rivoli, n° 32. Alors je me rappelle qu'autrefois ce brave avocat m'avait fait rendre justice une fois. Je m'habillai de mon mieux et allai trouver celui qui, autrefois, m'avait servi de protecteur, et qui, gratuitement, m'avait fait rendre justice et m'avait prêté sa protection .Alors je racontai à monsieur Viardot que j'allais être condamnée et que lui seul pouvait me sauver. Ah ! me dit ce brave avocat, restez dans votre retraite et je vais m'occuper de vous, vous sauver de votre triste position. Puis M. Viardot me serra la main et je me retirai. Je repris courage et me remis comme d'habitude à vendre mes petites chansons. Un mois s'écoula, il fallait passer en jugement; l'heure était sonnée et il fallait s'apprêter; alors je pris deux de mes petits chiens les plus intelligents. Arrivée devant la barre :

Je racontai à monsieur le président que j'avais un autre petit chien qui s'appelait Lendremol: « Allons, me dit le président, racontez-moi pourquoi vous n'êtes pas partie. » Mon président, voilà vingt-deux ans que je soigne gratuitement les chiens malades ou agonisants, sans aucune rétribution; alors M. Viardot prit la parole, et il fit ressortir que mon refuge était bien tenu, et était dans un terrain vague, il était impossible que mes chiens gênent les voisins, vu qu'ils étaient enclos et parqués. Après avoir délibéré, le tribunal m'a acquittée : « Arrêtez! me dit le président, j'ai une question à vous faire; n'avez-vous pas eu une condamnation le mois dernier? » Oui, répondis-je, pour avoir chanté, vu que je n'ai que ces moyens d'existance, pour subvenir aux besoins nécessiteux de mes petits réfugiés : « Alors, me dit le président, vous êtes libérée ». Je pris mes deux petits témoins sur mon bras et sortis de la salle d'audience. Je descendis ces larges escaliers le cœur rempli de joie, pensant que tout le monde ne m'avait pas abandonnée, qu'il y avait encore des cœurs charitables qui venaient à l'aide des malheureux, comme M. Viardot, qui m'avait prêté son concours gratuitement. Je me dirigeai vers ma petite retraite, où j'allais annoncer à mes petits animaux que, non seulement je les avais protégés autrefois, mais que je leur avais sauvé la vie aujourd'hui. La journée s'était écoulée et le temps avait l'air de me favoriser pour aller travailler; il était sept heures du soir, je repris ma guitare sur mon bras et me mis en devoir d'aller gagner de quoi vivre le lendemain, moi et mes petits chiens; quand j'eus fini ma tournée, je me dirigeai vers mon petit logis; après avoir cassé la croute dans mon lit, je me suis reposée, la nuit était écoulée, j'allai chercher un peu de charbon pour me réchauffer. « J'ai une lettre pour vous, me dit le charbonnier. « Encore, lui dis-je. » je la pris et la décachetai; c'était une lettre de la Préfecture; alors je me dispose de nouveau à aller voir M. Viardot, notre protecteur, rue de Rivoli, n° 32, avocat à la Cour d'appel.

Voir la deuxième édition

CONTENANT :

La FÉROCITÉ du PÈRE d'ORDURE

LE DÉVOUEMENT

DE M. LEBLANC, VÉTÉRINAIRE

ET

LA CRUAUTÉ DU VOISIN

Qui voulait se faire nommer Conseiller